实用 数学大挑战
我是理财小能手

U0191727

如何使用信用

〔美〕凯蒂·马尔西科 著

王小晴 译

人民文学出版社
PEOPLE'S LITERATURE PUBLISHING HOUSE

目　录

第一章

谁在为你购买的东西付钱?........................2

第二章

不同种类的信用................................6

第三章

开动脑筋:使用信用卡.......12

第四章

开动脑筋:分期付款...................18

第五章

聪明地对待信用..............24

实用数学大挑战 答案.................................28

词汇..29

如何使用信用

Using Credit Wisely

谁在为你购买的东西付钱？

　　哈维尔想买一台新电脑，可是钱不够。幸运的是，哈维尔有个哥哥叫路易斯，只要哈维尔需要钱，路易斯就会借给他。作为交换，路易斯期望哈维尔在三个月内把钱还清，而且每个周末都要帮他洗车。哈维尔同意了，立刻去了电脑商店！

　　这样，路易斯就成了出借人，或者贷方，而哈维尔就是借方。哈维尔使用自己的信用购买了电脑。哈维尔借款的金额被称为本金。

　　当你用信用购买某样东西的时候，其他人借给你钱来支付你购买的东西。当然，你需要偿还欠款。不过，贷方承担着你不会还款的风险。所以，信用购买通常还包含本金之外的一些付款，这就

如果你从家庭成员那里借钱，你可能需要偿还的不仅仅是钱

补偿了贷方所承担的风险。对于路易斯来说，额外的报酬就是让哈维尔洗车。

然而，和路易斯不同的是，银行可不会让你洗车！银行会向你收利息，或者说贷款本金之外的附加金额。这部分金额通常是用你借款额的百分比来计算的。在大多数情况下，人们每个月向贷方还钱，包括部分本金和利息。你只需要支付你仍未偿还的本金所产生的利息。

当一个家庭买房子时，他们通常需要贷款，然后慢慢还款

二十一世纪新思维

使用信用购物之前,提前考虑是很重要的。比如,你的父母以6%的利率借了 100000 美元买房子。30 年后,贷款全部还清,他们一共还给了银行 215838 美元。总利息甚至超过了他们原来贷款的本金!

你的每次借贷，都会被报告给征信机构。征信机构是为每个正在偿还债务的人创建信用报告的企业。如果按时偿还贷款，你就会得到良好的信用评级。如果不这样做，你的信用评级就会很差。你贷款的银行和其他公司在同意你贷款之前都会检查你的信用评级。如果你的信用良好，你就更值得信任——并成为贷款的良好人选。

第二章

不同种类的信用

达拉的家人需要一台新冰箱。他们去百货公司挑选了一台含税价值1619.99美元的冰箱，但是无法立刻付清所有的钱。因此，他们会用信用卡购买。他们有两种选择——直接刷信用卡或者分期付款。

信用卡是银行发行的。你可能在商店里见过人们使用信用卡。在收银台，收银员或者顾客会把信用卡放在一台机器上刷。这台机器能够确认信用卡是不是有效。然后买方签署收据，购买就完成了。没有实际的现金转手。

当你用信用卡付款时，你是在要求银行为你要购买的东西暂时买单。然后，每个月你都会收到来自银行的账单，列出你信用卡

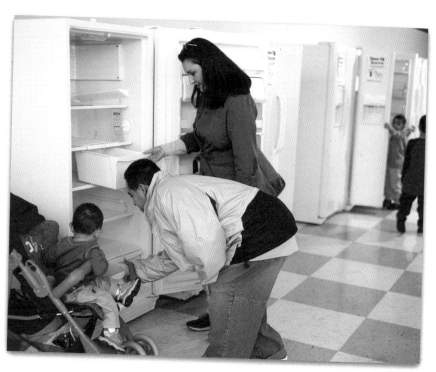

冰箱很贵，购买时通常需要使用信用卡贷款

的消费项目。如果你在期限内还清账单，银行就不会收取利息。如果你只能还掉一部分，那么未还款的部分就会被收取利息。你仍欠款的部分叫作未还款金额。在你还完所有未还款金额之前，每个月都会被收取利息。

拥有信用卡的人都有一个信用额度，也就是信用卡在给定的时间内能够欠款的最高额度。信用额度从500美元到25000美元不等。额度与你的信用记录和你持有的卡种等各种各样的因素有关。

生活和事业技能

买房子是一笔巨大的开销。因此，很多人最后申请了一种叫作按揭的贷款。对你来说申请按揭还太早，但是养成及时还款的习惯并不过早。现在建立良好的信用记录有助于你在今后得到良好的按揭利率。

人们经常使用信用卡在网上购物，因为网上购物不用携带现金

实用数学大挑战

杰西和姐姐米娅用米娅的新信用卡在商场买东西。她们一共花了
135.48 美元买了四套衣服, 还花了 19.99 美元给爸爸买了太阳镜。其他
还买了包括 13.47 美元的艺术用品和三张光盘——每张 16.97 美元。

· 米娅 500 美元的信用额度还有多少?

(答案见第 28 页)

但是如果达拉的家人不想用信用卡买冰箱呢?根据商店的政策, 他们有可能可以申请分期付款。通过分期付款, 贷方给借方一次性购买的现金, 而借方按月偿还贷方等份金额和利息。分期付款通常用于购买汽车、电器, 以及房屋维修等大笔花费。

如果你依赖信用购物, 你还需要什么?有几个重要的准则可以帮助你明智地使用信用卡。继续阅读, 了解什么样的财务选择最能提高你的信用评级!

使用信用卡的人需要了解信用卡的运作方式

第三章

开动脑筋：
使用信用卡

　　信用卡有一个重要的用途。有时候人们需要或想要立刻购买某样东西，但是在那一刻可能没有足够的钱来支付。信用卡允许人们在购物的时候不用担心要预付全额。

　　尽管如此，拥有和使用信用卡仍然是一个重大的责任。有些人受到诱惑，无论什么时候想买什么东西就去买。不过买东西仅仅是因为你能买，其实对你的财务——或者信用评级——来说并不一定有什么好处。记住,每次你用信用卡购物的时候,其实是在请求银行为你买单。最后,需要偿还给银行的还是你。

没有偿还或没有及时偿还会引起严重的后果。在很多情况下,银行会提高你的利率或收取其他罚款。如果他们认为你没有负责任地使用信用卡,就可能会降低你的信用额度。同样严重的是,你的信用评级可能也会受到影响。最后,这会影响到其他债权

如果你没有及时偿还账单,利息就会叠加

人愿意借给你多少钱, 以及你需要支付多少利息。

　　基于这些原因, 你在使用信用卡买东西之前, 比较聪明的做法是提前考虑一下。你有能力偿还银行每月的最低还款额吗?如果需要几个月以上的时间才能完全偿还所有欠款呢?在一些情况下, 人们决定用现金支付或者等到一件商品打折的时候再买会是更明智的决定。

生活和事业技能

　　一些银行向年轻客户提供特殊的预付信用卡。这需要一个成年人将钱从活期存款账户转到预付信用卡上。这样, 你用信用卡买的所有东西其实都已经付过款了。预付信用卡能够帮助人们学会如何避免花掉超出支付能力的钱。

预付信用卡对年轻人来说是个不错的选择

你可能觉得自己买得起某样东西，不过还是先计算一下吧

当然，如果你比较负责，你就能够让信用卡帮助到自己，而不是对自己没用。提前做计划，只买你买得起的东西，这些能够帮你建立起良好的信用记录。此外，一定要注意按时还款。理想情况下，尽量每个月还清你的未还款金额，以免产生利息。

现在你对使用信用卡带来的风险和责任有了更多了解。接下来，如果你正在考虑分期付款，是时候要做出最好的选择了。

实用数学大挑战

帕特里克的爸爸给他买了一辆山地车，价值449.99美元，还要加上7%的销售税。帕特里克计划每个星期偿还爸爸20美元。

· 这辆山地车要花多少销售税？
· 帕特里克多久才能还清所有的钱？

（答案见第28页）

第四章

开动脑筋：
分期付款

　　伊桑和表妹露西从一家当地经销店那里买了一辆新车。这辆车的成本是30000美元。露西为这辆车付了5000美元的首付款，还剩下25000美元需要偿还。

　　幸运的是，这家经销店提供分期付款。对于一次性购买的昂贵物品，分期付款通常比信用卡更实用。分期付款的贷款还款期也往往比较长。这就是为什么分期付款的贷款利率通常低于大多数信用卡的利率。

你可能觉得自己买得起某样东西，不过还是先计算一下吧

　　根据你所购买的商品的类型，你可以货比三家再进行分期付款贷款。有几种类型的企业会向想借钱的人提供分期付款贷款，包括银行、汽车经销店、按揭经纪人和百货公司。根据一个人的信用评级，这些企业有时候会提供有竞争力的利率。

　　比如，银行会互相竞争客户。所以，你要是和你所在社区不同银行的信贷员多谈一谈，通常会很有帮助。他们决定谁能够贷款，谁不能够贷款。这样你就有更多种的贷款选择了。

就像使用信用卡一样,分期付款贷款也需要做出承诺,不管什么企业借钱给你,你都要偿还贷款。如果你没有这样做——或者没有按照贷款协议的条款付款——贷方就要采取行动。有时候,这意味着在下一次的月还款额里会增加一笔罚金。还有一些情况是提高利率。而且,在某些情况下,贷款人甚至会收回你购买的物品。

我们假设露西多次未能支付她购买新车的费用,给她提供分期付款贷款的贷方就有可能会把车收回。而且,在这个过程中,露西还损坏了自己的信用评级。

另一方面,人们可以利用对自己有优势的分期付款贷款。他们根据贷款协议的条款付款,表明她们是负责任、值得信赖的借方。这些人建立了强大的信用评级,有助于吸引未来的贷方。

如果你从不偿还，那么银行可以收回你贷款买的东西

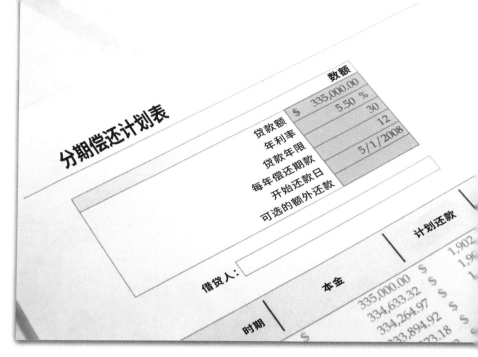

分期偿还计划表	数额
贷款额	$ 335,000.00
年利率	5.50 %
贷款年限	30
每年偿还期款	12
开始还款日	5/1/2008
可选的额外还款	

借贷人:			计划还款
时期	本金		1,902
	335,000.00	$	1,9
	334,633.32	$	
	334,264.97	$	
	333,894.92	$	
	...23.18		

分期偿还计划表

生活和事业技能

　　如果你有一笔分期贷款, 那么你还可能会有一张分期偿还计划表。这张表显示了你将花多久还清债务, 列出了你在贷款期间每月的还款情况, 还显示了每笔付款中分别有多少用于偿还本金和利息。

为了达到同样的效果,你还应该做什么?查看最后一章,了解更多关于明智地使用信用卡的重要信息。

实用数学大挑战

卢克的妈妈需要 9000 美元的分期付款购买一辆车。她有以下选择:

方案一:9000 美元借款,6.88% 利率,3 年(36 个月),总计 277.4 元 / 月

方案二:9000 美元借款,6.97% 利率,5 年(60 个月),总计 178.08 元 / 月

· 每种贷款方式下,卢克的妈妈要付多少利息?

· 如果选择 5 年贷款,卢克的妈妈要多付多少利息?

(答案见第 28 页)

第五章

聪明地对待信用

如果你打算使用信用，一定要好好记账！否则，你很容易就会忘记自己花了多少钱，什么时候付款到期。幸运的是，每次你用信用卡购物时，都会收到一张收据。把所有收据都放在一个地方。月底，你会收到一张信用卡账单，显示你的每一笔消费。把收据和开销核对一下，如果不匹配，请立刻与信用卡公司联系。

时刻注意你的收支是否平衡。请记住，最好的方式是每个月都还清未还款金额，这样你就不会被收取利息。如果无法做到还清，那么尽量多还一点。即便是最低还款额的两三倍也会让你的未还款金额低一些。

注意你的收据，避免被意外收费

年轻的时候就建立良好的信用是一个很好的开始

最后，要知道你的信用报告里都有什么。很多信用机构都允许你在网上查看信用报告，只收取很少的费用。有些机构甚至能够免费让你查看报告中的某些部分。别忘了，各种各样的人和团体有一天都会查看你的信用报告。这包括房东和你未来的老板。这些人通常依靠信用报告来判断一个人是否可靠和负责。如果你有很多债务和几次逾期未还，那么你的信用报告就可能给你带来很不好的影响。同时，如果你能够明智地管理好自己的信用，那么你的报告将能够证明你是值得信赖的，有能力做出好的决定。

使用信用对于借方和贷方都有风险。不过这也给了人们购买力，并经常教会人们经济责任的重要性。当提到信用的时候，做出最好的选择，你就能让信用为你工作。

二十一世纪新思维

　　美国成年人通常有两到三张信用卡，对于大多数加拿大成年人来说也是如此。然而，在很多情况下，一张卡片就足以满足一个人的购买需求。使用更多的信用卡意味着每月的还款额更多。相应地，每张卡上的未还款金额就很难减少。

实用数学大挑战 答案

第二章
第 10 页
米娅的 500 美元信用额度还剩下 280.15 美元。

16.97 美元 ×3 张光盘＝ 50.91 美元

135.48 美元衣服＋ 19.99 美元太阳镜＋

13.47 美元美术用品＋ 50.91 美元光盘＝ 219.85 美元

500 美元－ 219.85 美元＝ 280.15 美元

第三章
第 17 页
山地车要花 31.5 美元销售税。

自行车 449.99 美元 ×0.07 的销售税＝ 31.5 美元销售税

帕特里克需要 25 个星期的时间才能还清他爸爸的钱。

449.99 美元＋ 31.5 美元＝总价 481.49 美元

481.49 美元 ÷ 每星期 20 美元＝ 24.07 星期

第四章
第 23 页
选择 3 年贷款，卢克的妈妈要付 986.4 美元的利息。

每月 277.4 美元 ×36 个月 =9986.4 美元

9986.4 美元－ 9000 美元＝ 986.4 美元

选择 5 年贷款，卢克的妈妈要付 1684.8 美元的利息。

每月 178.08 美元 ×60 个月＝ 10684.8 美元

10684.8 美元－ 9000 美元＝ 1684.8 美元

选择 5 年贷款，卢克的妈妈要多付 698.4 美元利息。

1684.8 美元－ 986.4 美元＝ 698.4 美元

词 汇

分期偿还计划表（amortization schedule）： 显示每月贷款偿还金额和剩余未偿还金额的表格。

未还款金额（balance）： 信用卡或贷款未偿还的金额。

信用（credit）： 借方获得金钱、物品或服务的能力，并预期未来能够偿还贷方。

分期付款（installment loan）： 通常为了一次性购买大件物品所进行的贷款，并按月偿还。

利息（interest）： 借钱所产生的费用，通常按照借款金额的百分比计算。

按揭（mortgage）： 购买一座房子或一个企业所需要的贷款。

罚金（penalty）： 违反协议所支付的费用。

本金（principal）： 贷款的未偿还金额。

收据（receipt）： 一张显示金额、商品、邮箱或已经提供服务的票据。

条款（terms）： 协议或买卖的条件。

值得信任（trustworthy）： 能够被信任或依赖，会做正确的事。

有效的（valid）： 合法的，能够积极使用的。